Angelika Kipp

Weihnachtliche Welle

Fensterbilder aus Tonkarton und Spezialwellpappe

frechverlag

Von der bekannten Autorin Angelika Kipp sind im frechverlag zahlreiche weitere Bücher erschienen. Hier eine Auswahl:

TOPP 2377

TOPP 2236

TOPP 1970

TOPP 2379

TOPP 2237

TOPP 2105

Zeichnungen: Berthold Kipp
Fotos: frechverlag GmbH + Co. Druck KG, 70499 Stuttgart;
Fotostudio Ullrich & Co., Renningen

Dieses Buch enthält:
2 Vorlagenbogen

Auflage: 5. 4. 3. 2. | Letzte Zahlen
Jahr: 2002 2001 2000 1999 98 | maßgebend

frechverlag GmbH + Co. Druck KG, 70499 Stuttgart

ISBN 3-7724-2378-7 · Best.-Nr. 2378

Druck: frechverlag GmbH + Co. Druck KG, 70499 Stuttgart

EHE man sich's versieht, ist sie da, die Winter- und Weihnachtszeit. Am schönsten ist es dann in den warmen Stuben, wo man die kalten Nasen und Hände aufwärmen kann. Außerdem sind die meisten Häuser wunderschön der Jahreszeit entsprechend geschmückt.

DAMIT Sie es sich auch schön machen können, bietet dieses Buch viele Dekorationsvorschläge für Ihre Wohnung. Dabei ist neben Tonkarton bunte Wellpappe mit aufgedruckten Sternchen, Punkten, Herzchen und Regenbogen-Wellpappe als effektvolles Accessoire eingesetzt worden: Tannenbäume sind mit leuchtenden Sternen und Schleifen geschmückt, Engel präsentieren ihre neuen Sternenkleider, und Kerzen schimmern in den schönsten Regenbogenfarben.

LIEBEN Sie es jedoch mehr winterlich, so lachen Sie Schneemänner mit lustigen Schals und Hüten im Punktedesign an, oder Pinguine im Herzenlook fühlen sich bei Ihnen wohl.

SIE werden sehen: Die Kombination von verschiedenfarbigem Tonkarton mit der Wellpappe mit aufgedruckten Sternchen, Herzchen oder Punkten und die Regenbogen-Wellpappe bieten viele neue Bastelmöglichkeiten.

EINE schöne Advents- und Weihnachtszeit und viel Spaß beim Basteln wünscht Ihnen

Angelika Kipp

Material und Werkzeug

- Tonkarton (in verschiedenen Farben)
- Regenbogen-Wellpappe
- Wellpappe mit aufgedruckten Sternen (in verschiedenen Farben)
- Wellpappe mit aufgedruckten Herzen (in verschiedenen Farben)
- Wellpappe mit aufgedruckten Punkten (in verschiedenen Farben)
- Transparentpapier
- Filzstift in Schwarz
- Bleistift
- Dünne Pappe
- Lineal
- Klebstoff, z. B. UHU Alleskleber
- Schneidemesser (Cutter)
- Schneideunterlage
- Schere
- Evtl. Kreisschablone
- Nadel
- Faden zum Aufhängen
- Klebeband

Tips und Tricks

WELLPAPPE

Für welche der vielen im Handel erhältlichen Wellpappen Sie sich entscheiden und wie die Wellen beim Motiv verlaufen sollen, bleibt Ihrem Geschmack überlassen.

SCHNEIDEN DER WELLPAPPE

Es empfiehlt sich, die Teile mit einem Schneidemesser von der Rückseite der Wellpappe herauszuschneiden, da sich so die Umrisse sauber und exakt arbeiten lassen.

GESTALTUNG VON DER VORDER- UND RÜCKSEITE

Ein frei hängendes Fensterbild sollte sowohl von der Vorder- als auch von der Rückseite gearbeitet werden. Besonders größere Motive sollten auf jeden Fall beidseitig gearbeitet werden, da sonst die Gefahr besteht, daß sie sich verziehen.

DECKUNGSGLEICHES AUFMALEN UND KLEBEN

Die Rückseite sollte absolut deckungsgleich zur Vorderseite geklebt und bemalt werden, da helles Papier durchscheint. Drücken Sie die fertig gebastelte Vorderseite bei Tageslicht gegen die Fensterscheibe. Die nun durchscheinenden Kanten und Linien zeigen an, wo Sie auf der Rückseite deckungsgleich kleben und zeichnen sollten.

AUFHÄNGUNG

Wenn Sie mit einem Faden arbeiten, balancieren Sie das Motiv zwischen Daumen und Zeigefinger aus, bis Sie die richtige Stelle gefunden haben. Mit einer Nadel stechen Sie dann einige Millimeter vom Rand entfernt in den Tonkarton bzw. in die Wellpappe und ziehen den Faden durch. Sie können Ihr Fensterbild auch mit Klebeband an der Scheibe befestigen.

MOTIVHÖHE

Damit Sie sich die Größe des fertigen Fensterbildes vorstellen können, ist bei jedem Motiv dessen Höhe angegeben. Viel Spaß beim Auswählen!

Schritt für Schritt erklärt

1

Legen Sie das Transparentpapier auf das ausgewählte Motiv auf dem Vorlagenbogen, und übertragen Sie mit einem Bleistift oder Filzstift die benötigten Einzelteile ohne Überschneidungen.

2

Das bemalte Transparentpapier wird nun auf eine dünne Pappe geklebt, und die Einzelteile werden herausgeschnitten. Fertig sind die Schablonen! Mit Hilfe dieser Schablonen arbeiten Sie die benötigten Tonkarton- und Wellpappeteile, indem Sie sie einfach auf das entsprechende Bastelpapier legen, mit einem Stift umfahren und dann ausschneiden.

ACHTUNG: Bei der Wellpappe legen Sie die Schablonen seitenverkehrt auf die Rückseite, weil diese keine Wellen aufweist und Sie dort deswegen besser zeichnen können.

3

Zeichnen Sie alle markierten Stellen und gepunkteten Linien (s. Vorlagenbogen) auf. Kleben Sie die Einzelteile zum gewünschten Motiv zusammen – das Foto und die Vorlage geben Positionierungshilfen. Die Rückseite wird absolut deckungsgleich zur Vorderseite gearbeitet.

Hallo, Nikolaus!

Es ist schön, wenn einen dieses lustige Gesicht anschaut.

Zeichnen Sie die Augen auf das Gesicht, das von hinten an das weiße Tonkartonteil geklebt wird. Nun braucht der nette Mann seine rote Nase und den Schnurrbart.

Die Nikolausmütze ist aus roter Wellpappe mit aufgedruckten Sternen geschnitten. Sie wird von vorn ergänzt.

Wann bringst du unsere Geschenke?

Ein adventlicher Kranz

Festlich geschmückte Kränze aus Tannengrün gehören unbedingt zur Advents- und Weihnachtszeit.

Verzieren Sie das Grün des Kranzes mit einer großen Schleife, gelben Sternchen aus Tonkarton sowie Sternen aus Sternchen-Wellpappe. Die Stiefel werden ebenfalls mit einem kleinen Stern aus Tonkarton und Sternchen-Wellpappe gearbeitet. Fügen Sie die Stiefelteile zusammen, und befestigen Sie diese mit einem Faden am Kranz. Damit der Goldstern mittig auf dem Stern der Sternchen-Wellpappe plaziert ist, legen Sie Transparentpapier mit aufgezeichnetem Stern auf die Vorderseite der Pappe. Mit einer Nadel markieren Sie die Spitzen des Sterns in der Wellpappe. Nun können Sie auf der Rückseite mit Hilfe einer Schablone die Sternenform an den Markierungspunkten anlegen und aufzeichnen.

Je kälter, desto besser!

Man sieht es den beiden Schneemännern gleich an: bei der Kälte fühlen sie sich richtig wohl!

Zeichnen Sie den Männern die Augen und alle gepunkteten Linien (s. Vorlagenbogen) auf. Dann erhalten die Schneemänner ihre Nase, den zweiteiligen Hut, den Schal bzw. das Tuch und die Knöpfe.

MOTIVHÖHE
Schneemann links ca. 37 cm

Zwischen den Handteilen halten die beiden ihre Besen, die mit einer Schleife verziert werden.
Die Rückseiten der beiden kühlen Gesellen sollten absolut deckungsgleich zur Vorderseite bemalt und beklebt werden, da helles Papier durchscheint (s. Tips und Tricks, S. 4).

Hoffentlich bleibt es lange kalt!

MOTIVHÖHE Schneemann rechts ca. 38 cm

Morgen kommt der Nikolaus

Vergessen Sie nicht, am Nikolausabend Ihre Stiefel aufzustellen!

Der rote Stiefel wird mit Ilex und dem mit Mandeln verzierten Lebkuchenherz geschmückt. Sterne und ein Stiefelfell aus Sternchen-Wellpappe verschönern den Stiefel.

Damit der Goldstern mittig auf dem Stern aus Sternchen-Wellpappe plaziert ist, legen Sie Transparentpapier mit aufgezeichnetem Stern auf die Vorderseite der Pappe. Mit einer Nadel markieren Sie die Spitzen des Sterns in der Wellpappe. Nun können Sie auf der Rückseite mit Hilfe einer Schablone die Sternenform an den Markierungspunkten anlegen und aufzeichnen.

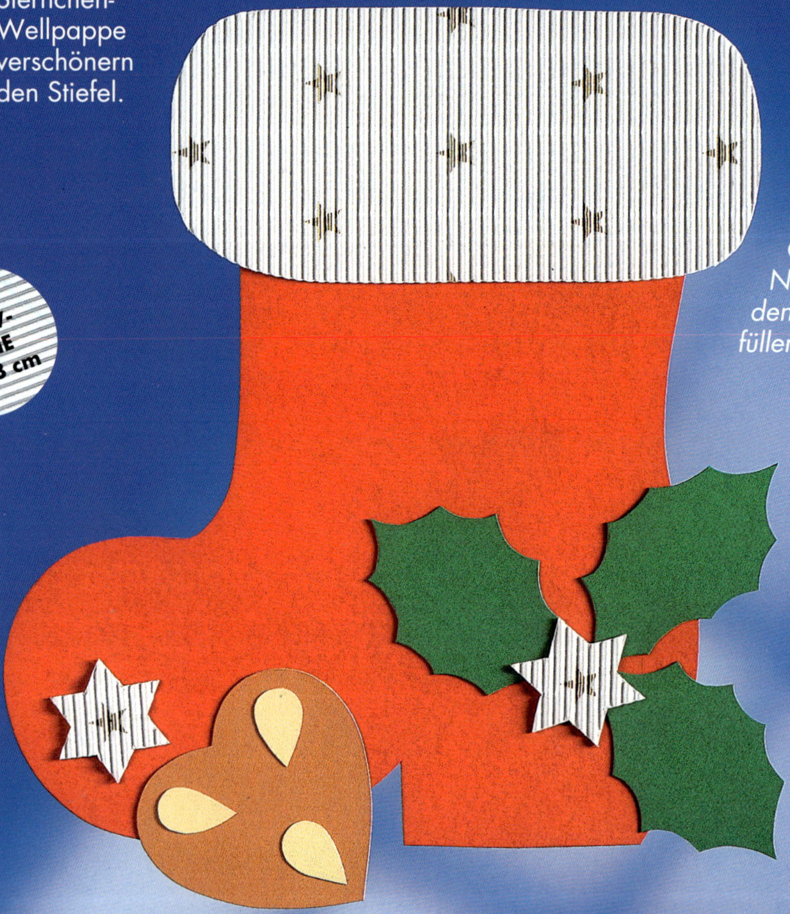

Ob der Nikolaus den Stiefel füllen wird?

Vorsicht, heiß!

Auch wenn das Mäuschen das Kerzenlicht offensichtlich sehr mag, sollte es darauf aufpassen, daß es sich nicht die Barthärchen versengt.

Zeichnen Sie alle schwarz markierten Stellen sowie gepunkteten Linien (s. Vorlagenbogen) auf. Die kleine Maus erhält ihr zweiteiliges linkes Ohr und den linken Arm. Die bunte Hose aus Regenbogen-Wellpappe steht ihr wirklich gut. Die Flamme mit Kerzenschein wird auf die Kerze geklebt. Plazieren Sie diese sowie die Maus und einen Stern auf dem Tannenzweig.
Aus Stabilitätsgründen wird das Mäusenäschen am Kerzenschein befestigt.

Vorsicht, kleine Maus, verbrenn dich nicht!

MOTIV-HÖHE ca. 33 cm

Kleiner Schneemann Tom

Tom ist ein kleiner Schneemann, mit dem man sofort Freundschaft schließt.

Damit er so nett aussieht, zeichnen Sie ihm das Auge und den lachenden Mund auf. Der rechte Arm, der eine mit Sternen besetzte Rute hält, wird aufgeklebt. Ein Schal aus gepunkteter Wellpappe schützt vor der Kälte. Nun braucht der kleine Schneemann Tom seine typische Möhrennase und seinen zweiteiligen Zylinder. Das Zylinderband wurde ebenfalls aus gepunkteter Wellpappe geschnitten. Bemalen und bekleben Sie die Rückseite absolut deckungsgleich zur Vorderseite, da helles Papier durchscheint (s. Tips und Tricks, S. 4).

Tom findet: Punkte sind echt cool!

MOTIV-HÖHE ca. 39 cm

Ich lebe in Eis und Schnee

Dieser liebe Kerl hat heute seinen Lieblingsschal und seine Lieblingsmütze mit Herzchen angezogen.

Zeichnen Sie die Pupillen und den Schnabelstrich auf. Der Pinguin erhält sein Bauchteil, die Füße, den Schnabel und das Augenpaar.

Der Schal und das rote Mützenteil sind aus einer mit Herzchen bedruckten Wellpappe geschnitten. Das Fellteil der Mütze ist aus Tonkarton gearbeitet.

Echt hübsch!

MOTIV-HÖHE ca. 43 cm

Oh Tannenbaum!

Diese Weihnachtsbäume wirken durch den aufgeklebten Schmuck sehr stimmungsvoll.

MOTIV-HÖHE ca. 50 cm

Die Sterne sind aus Regenbogen-Wellpappe geschnitten. Die bunten Schleifen bestehen aus gepunkteter Wellpappe.

Und für welchen Baumschmuck entscheiden Sie sich?

Farbenfrohe Sterne

Die Farbverläufe der Regenbogen-Wellpappe leuchten hier in den schönsten Farben.

Schneiden Sie die Sterne aus der Wellpappe, und kleben Sie diese auf die weißen Tonkarton-Sterne. So entstehen wunderschöne Farbspiele!

MOTIV-HÖHE ca. 18 cm

Weihnachtswald

Einfach, schnell herzustellen und sehr wirkungsvoll sind diese Tannenbäume.

Legen Sie Transparentpapier mit dem aufgezeichneten Baum auf die Vorderseite der Sternchen-Wellpappe, damit Sie die Lage der Sterne bestimmen können. Mit Hilfe einer Nadel markieren Sie die Ecken der Tanne. Auf der Rückseite der Pappe wird die Schablone auf diese Markierungspunkte gelegt und die Form aufgezeichnet. Der ausgeschnittene Wellpappe-Baum wird auf den weißen Tonkarton geklebt.

Nun haben Sie einen ganzen Tannenwald!

MOTIV-HÖHE ca. 18 cm

Weihnachten bei den Eisbären

Diese Eisbären haben zu Weihnachten einige Sternschnuppen aufgefangen.

Zeichnen Sie den Tieren die Augen, die Nase und alle gepunkteten Linien (s. Vorlagenbogen) auf. Die Bären erhalten ihr aufgesetztes Ohr. Bunte Schals aus Regenbogen-Wellpappe schützen vor der eisigen Kälte.

Fixieren Sie einen Stern aus Wellpappe an jedem Tier.

Zwischen den Bären liegen einige Eisschollen. Bemalen und bekleben Sie die Rückseite absolut deckungsgleich zur Vorderseite, da helles Papier am Fenster durchscheint (s. dazu Tips und Tricks, S. 4).

MOTIVHÖHE
Stehender Eisbär ca. 26 cm

Bunte Lichterkette

Kerzen bringen Wärme und Licht in diese kalte und dunkle Jahreszeit.

Zeichnen Sie die Dochte auf die Flammen, und plazieren Sie diese hinter den Kerzen aus Regenbogen-Wellpappe.

Alle Kerzen werden auf dem Tannengrün, auf dem bunte Sterne farbenfroh leuchten, befestigt.

Eine schöne Advents- und Weihnachtszeit!

MOTIV-HÖHE ca. 24 cm

Weihnachts-glocken

Diese Glocken wirken allein durch ihre Schlichtheit und durch die Sternchen-Wellpappe.

Zeichnen Sie die beiden gepunkteten Linien (s. Vorlagenbogen) auf.
Die Glocke erhält ihren Klöppel und eine große Schleife aus Sternchen-Wellpappe.
Die Länge des Bandes können Sie nach Wunsch variieren.
Die Rückseite sollte absolut deckungsgleich zur Vorderseite gearbeitet werden, da heller Tonkarton durchscheint (s. Tips und Tricks, Seite 4).

Diese Glocken werden sicher von so manchem Betrachter bewundert werden.

Flinke Eichhörnchen

Eichhörnchen können nicht nur von Ast zu Ast springen, sondern sie sind auch flinke Eisläufer.

Bevor sich die hübschen Tiere aufs Eis begeben, zeichnen Sie die Gesichter und alle gepunkteten Linien (s. Vorlagenbogen) auf. Fixieren Sie die beiden Schlittschuhe und den Arm. Gegen die Kälte schützt ein gepunkteter warmer Schal aus Wellpappe.

Hals- und Beinbruch!

MOTIV-HÖHE ca. 30 cm

Engel im Sternchen-Look

Heute tragen die Engel ihr schönstes Sternenkleid.

Für ihr Auftreten benötigen die Engel ihr aufgemaltes Gesicht. Ziehen Sie den beiden Kleider aus Sternchen-Wellpappe an. Die Flügel und das Haar werden von hinten am Körper ergänzt. *Die beiden sind einfach zum Liebhaben!*

Der Weihnachtsmann auf Fahrt

Dieser Weihnachtsmann ist mit seinem schönen Schlitten unterwegs.

MOTIV-HÖHE ca. 28 cm

Zeichnen Sie die Augen des reiselustigen Mannes auf, und fixieren Sie das Gesichtsteil hinter dem weißen Bart/Fellteil. Die Nase und der Schnurrbart werden von vorn aufgeklebt.
Plazieren Sie das fertige Teil auf dem Körper, und ergänzen Sie den Pompon und das Handschuhpaar. Der Schlitten wird mit drei Sternen und der Sternchen-Wellpappe geschmückt.
Nun brauchen Sie nur noch den grünen Tannenbaum in den Schlitten zu laden.

Wohin mag der Weihnachtsmann wohl fahren?

Die erste Adventskerze brennt!

Wenn die erste Kerze zur Adventszeit brennt, ist Weihnachten nicht mehr weit.

Zeichnen Sie den Docht auf die Flamme, und plazieren Sie diese hinter der Kerze. Der Ilex wird aus grüner Sternchen-Wellpappe geschnitten. Damit das Gesteck schön weihnachtlich aussieht, verzieren Sie das Grün und die Kerze mit kleinen Sternchen.

Nun können Sie die ersten Weihnachtslieder singen!

MOTIV-HÖHE ca. 32 cm

Frohe Weihnachten!

Selbst im Tierreich hat es sich schon herumgesprochen, daß die Weihnachtszeit begonnen hat.

Zeichnen Sie der kleinen Ente das Auge und das schwarz markierte Schnabelteil (s. Vorlagenbogen) auf.

Das Beinpaar, die Mütze mit der passenden Schleife aus gepunkteter Wellpappe und der Schnabel werden am Entenkörper fixiert.

Kleben Sie den mit Sternen geschmückten Tannenzweig, wie auf dem Foto ersichtlich, auf den Schnabel.

MOTIV-HÖHE ca. 33 cm

Schnell weiterwatscheln und überall weitersagen: Bald ist Weihnachten!

Sternenpracht

Diese Sterne wirken allein schon durch die Struktur der Sternchen-Wellpappe.

Damit die kleinen goldenen Sternchen auch gleichmäßig über den ganzen Stern verteilt sind, verfahren Sie folgendermaßen: Zeichnen Sie das Muster des großen Sterns auf Transparentpapier. Das bemalte Transparentpapier wird auf die Vorderseite der Wellpappe gelegt und so positioniert, daß die Sterne wie auf der Abbildung gleichmäßig auf der aufgelegten Form erscheinen. Markieren Sie nun mit einer Nadel die Spitzen des Sterns, indem Sie durch die Wellpappe stechen. Nun legen Sie die vorbereitete Sternenschablone so auf die Rückseite der Pappe, daß die Spitzen an den durchstochenen Markierungspunkten anliegen. Jetzt brauchen Sie die Form nur noch mit einem Bleistift zu umfahren und den Stern auszuschneiden.

Damit der Stern gut in Form bleibt und sich nicht wellt, arbeiten Sie ihn am besten beidseitig.

Ein Weihnachtsgeschenk für dich!

Damit der Nikolaus Ihnen das Geschenk überreichen kann, zeichnen Sie ihm das Auge auf. Das Gesicht und das Stiefelpaar werden hinter den roten Mantel geklebt. Ergänzen Sie das weiße Bart/Mützenfellteil und den Schnurrbart, den Pompon, das Mantelfell und den Gürtel.

Das riesige Weihnachtspaket aus Sternchen-Wellpappe ist mit einer Schleife verschnürt. Der Nikolaus hält es mit dem rechten Arm, auf den das Ärmelfell aufgesetzt wird, fest.

Vielleicht wird Ihr Wunsch erfüllt?

MOTIV-HÖHE ca. 35 cm

Wärmendes Licht

Schnell und einfach herzustellen ist diese Kerze.

Zeichnen Sie den Docht auf die Flamme, und kleben Sie diese hinter die Kerze aus Sternchen-Wellpappe.
Die Kerze wird hinter dem mit Sternchen geschmückten Tannengrün befestigt.

Schon fertig!
Kaum zu glauben!

MOTIV-HÖHE ca. 30 cm

Rabe Knax

Bei eisiger Kälte reicht selbst ein Federkleid nicht aus.

Dieser lustig aussehende Vogel bekommt seine Augen und alle gepunkteten Linien (s. Vorlagenbogen) aufgemalt.
Der Rabe erhält seinen Schal, das Augenpaar, den großen Schnabel und die wärmende Mütze. Mit seinen großen Krallen setzen Sie ihn auf einen schneebedeckten Zweig.

Trotz großer Kälte ist dieser Geselle sichtlich guter Laune.

MOTIV-HÖHE ca. 53 cm